AF332887

V

34719

SOCIÉTÉ NATIONALE ET CENTRALE
D'AGRICULTURE.

RAPPORT

SUR

LE BOUILLON DE LA COMPAGNIE HOLLANDAISE,

FAIT A L'ACADÉMIE DES SCIENCES

par M. Chevreul,

au nom de la commission de la gélatine,

COMPOSÉE

DE MM. MAGENDIE, DUPUYTREN, CHEVREUL, SERRES,
FLOURENS ET SÉRULLAS,

le 19 mars 1832.

Nous avons l'honneur de présenter à l'Académie les résultats de l'examen que nous avons fait d'un bouillon de
viande, préparé en grand par une compagnie qui a pris la
dénomination de *hollandaise,* parce qu'elle a été fondée par
deux Hollandais domiciliés à Paris, MM. Bouwens et Van
Coppenaal.

PREMIÈRE PARTIE.

*Du bouillon de la compagnie hollandaise considéré relative-
ment à sa préparation, à sa distribution, à son prix et au
jugement du consommateur.*

Nous nous sommes transportés dans une maison située

sur le boulevard extérieur, entre la barrière d'Enfer et la barrière du Maine, et là nous avons vu la manière dont on y prépare environ 1200 litres de bouillon à la fois, au moyen d'un appareil qui a été monté par M. Ph. Grouvelle, et décrit par l'auteur dans une notice que l'Académie nous a chargés d'examiner.

Au-dessus d'un foyer allongé, où l'on brûle de la houille, se trouve une chaudière plate de tôle, remplie d'une solution saline, faisant fonction de bain-marie, et munie d'un couvercle à dix-huit ouvertures, auxquelles s'adaptent autant de marmites de fer-blanc, dont dix sont plus grandes que les autres ; dans chacune des dix premières, on peut préparer 90 litres de bouillon, tandis que, dans les huit petites, on peut en préparer de 3 à 400 litres. Entre la cheminée et la chaudière de tôle il y a une seconde chaudière plus petite que la première, dans laquelle on entretient de l'eau bouillante pour le service de l'atelier.

Les marmites sont adaptées au couvercle de la grande chaudière assez exactement pour que la vapeur du bain-marie ne puisse se dégager dans la pièce où l'appareil est monté. D'ailleurs le liquide du bain, formé d'eau et de chlorures de potassium et de sodium, provenant du raffinage, du salpêtre, ne bouillant qu'à 100 et quelques degrés, n'est porté à l'ébullition qu'au commencement de l'opération, et pendant le temps strictement nécessaire pour que l'eau des marmites où se trouve la viande éprouve la coagulation, qui donne lieu à la production de la partie solide de l'écume qu'on observe dans le pot-au-feu, et qui facilite la clarification du bouillon. Aussitôt que les écumes sont enlevées, on diminue le feu de manière que le bain-marie cesse de bouillir, et que l'eau des marmites n'éprouve qu'un léger bouillonnement.

Nous ferons remarquer que l'ouverture du foyer est au dehors de l'atelier, afin de faciliter le service de propreté.

Suivant l'assertion de M. Ph. Grouvelle, que nous n'avons pas vérifiée, l'économie apportée par l'usage de cet appareil est telle, que 1200 litres de bouillon exigent 100 kilogrammes de houille, au prix de 4 fr. à 4 fr. 50 ; tandis que si on opérait dans des marmites de terre placées sur des foyers séparés, comme l'a fait d'abord la compagnie hollandaise, on brûlerait, pour obtenir le même produit, une quantité de charbon de bois s'élevant au prix de 30 à 34 fr. (1).

La viande dont on se sert pour préparer le bouillon nous a paru de bonne qualité ; elle est, avant tout, désossée ; les morceaux en sont réunis ensemble avec une ficelle. On met les os non concassés au fond des marmites, la viande dessus, puis on y verse l'eau ; on fait chauffer : l'ébullition a lieu, les écumes formées sont enlevées ; alors on ajoute aux matières précédentes du sel, et des légumes qu'on a enveloppés dans un filet pour éviter qu'ils ne s'écrasent et qu'ils ne se dispersent dans le bouillon. La compagnie hollandaise, après plusieurs essais tentés dans la vue de donner à son bouillon plus de couleur et de saveur, a préféré au caramel les oignons brûlés ; mais, suivant elle, ceux qu'on vend à Paris sont souvent mêlés à des corps qui altèrent le bouillon. Tel est le motif qu'elle a eu d'en chercher ailleurs ; elle en a trouvé en province qui ont toutes les qualités désirables.

C'est ici qu'il faut rappeler que la lenteur avec laquelle les marmites sont chauffées dans l'appareil de la compagnie

---

(1) Depuis la lecture de ce rapport à l'Académie, mon honorable confrère M. Molard m'a donné communication du premier volume d'un ouvrage intitulé *le Cuisinier royal*, ou *Cuisine de santé*, par M. *Jourdan le Cointe*, docteur en médecine (Paris, Bossange, Masson et Besson, 1792), dans lequel l'auteur décrit, sous la dénomination de *fourneau de santé*, un appareil qui a beaucoup d'analogie avec celui de M. Ph. Grouvelle, puisqu'il se compose essentiellement d'un bain-marie fermé par un couvercle dans lequel on a ménagé des ouvertures propres à recevoir des marmites, casseroles, etc., etc., destinées à la cuisson de la viande, des légumes, etc., etc. La chaudière contenant le bain-marie est placée sur un fourneau que l'auteur regarde comme très-économique sous le rapport de la petite quantité de combustible qu'il exige pour être chauffé.

(*Note de M. Chevreul.*)

hollandaise est très-convenable à la préparation du bouillon. La durée d'une opération est de six à huit heures.

Le bouillon confectionné est versé dans des vases de terre, où il se refroidit assez pour que la graisse, qui surnage, se fige, et en soit ensuite séparée. Il est transporté, au moyen de grands vaisseaux de fer-blanc, aux dépôts que la compagnie a établis dans les divers quartiers de Paris. Là il est vendu à raison de 0ᶠ,40 le litre au détail, et de 0ᶠ,35 par abonnement à 10 litres ou 20 demi-litres. Les indigents ne le payent que 0ᶠ,30, même au détail.

La compagnie a pris de grandes précautions pour effectuer ce transport, non-seulement sous le rapport de la propreté, mais encore sous celui de la conservation du produit; et ces précautions sont d'autant plus nécessaires, que tout le monde sait avec quelle facilité le bouillon s'aigrit en été. Dès lors il faut dans cette saison, lorsqu'on le transporte de la barrière dans l'intérieur de Paris, qu'il soit à une température assez basse pour qu'il ne s'altère pas, et qu'il y soit maintenu dans les dépôts jusqu'à la vente.

Quant au bouilli, c'est-à-dire à la viande désossée cuite, il est vendu 0ᶠ,60, et 0ᶠ,45 aux indigents le demi-kilogramme. Il est si recherché, que les demandes qu'on en fait surpassent, nous a-t-on dit, la quantité qu'on en produit. C'est afin d'éviter de le toucher plus que ce qui est strictement nécessaire pour le séparer du bouillon et le vendre au détail, que la viande crue, avant d'être introduite dans les marmites, est désossée et ficelée.

Nous avons visité l'établissement de la compagnie hollandaise sans y être attendus, et nous l'avons trouvé parfaitement tenu sous tous les rapports; il est aisé de s'en assurer, puisque tout le monde y est admis, et que le contrôle que chacun peut exercer sur ce qu'il voit entre dans les vues mêmes de la compagnie. Au reste, une dernière preuve de ses efforts pour rendre ses produits les meilleurs possible, c'est l'obligation qu'elle a imposée au fournisseur de viande et aux personnes qui tiennent ses dépôts d'être propriétaires de deux actions de la Société (de 1000 fr. chacune) : tout le monde se trouve ainsi intéressé à ce que la viande qui sert à la confection du bouillon et du bouilli soit du meilleur choix, et que les produits débités dans les dépôts ne perdent point de leurs bonnes qualités premières jusqu'au moment de leur consommation.

Il ne nous reste plus, pour confirmer le bien que nous venons de dire des produits de la compagnie hollandaise, qu'à citer l'opinion du véritable juge, c'est-à-dire du consommateur.

Plusieurs personnes de notre connaissance, qui en font usage depuis l'origine de l'établissement, en sont très-satisfaites ; d'un autre côté, des certificats d'autorités légalement instituées, que nous allons citer, et dont nous avons déposé les copies sur le bureau de l'Académie, attestent le même fait.

On voit, par ces certificats, que non-seulement le diaconat de l'église réformée de Paris, le comité anglais de bienfaisance de la même ville, le pasteur président, dispensateur actuel des secours de l'église consistoriale des chrétiens de la confession d'Augsbourg à Paris, les bureaux de bienfaisance des cinquième et septième arrondissements, reconnaissent la bonté du bouillon et du bouilli de la compagnie, mais on voit encore que les pasteurs Maron, Monod et Goepp en font usage eux-mêmes, ainsi que leurs familles, et qu'ils en sont pleinement satisfaits.

Nous pourrions borner notre rapport à ce que nous venons de dire, sans craindre que l'Académie se compromît en donnant son assentiment à nos conclusions ; mais nous avons pensé qu'en nous renfermant exclusivement dans l'examen des avantages que présenterait un certain mode de préparer du bouillon de viande, lors même que cette préparation serait faite en grand pour la première fois, comme produit commercial, ainsi que l'est celle qui nous occupe, il se rencontrerait des personnes qui pourraient croire que cet examen est étranger à l'institution de l'Académie, puisqu'il ne porte pas sur une *découverte scientifique* proprement dite : c'est ce qui nous a déterminés à joindre à ce rapport quelques expériences sur le bouillon et la cuisson de la viande dans l'eau.

Nous avons pensé, d'ailleurs, que ces expériences pourraient contribuer à nous éclairer dans l'examen de la question élevée sur l'usage alimentaire de la gélatine, et qu'elles ne seraient pas sans intérêt pour une partie de la chimie organique qui a les rapports les plus intimes avec la physiologie.

DEUXIÈME PARTIE.

Du bouillon considéré relativement à sa composition chimique.

Avant de commencer un examen chimique du bouillon de viande de la compagnie hollandaise dans la vue de rechercher, par cette voie, à fixer ses qualités, nous avons cru convenable de déterminer les principes constituants d'un bouillon fait avec de l'eau distillée et de la viande seulement, afin de distinguer plus aisément l'origine des différents principes immédiats des bouillons que nous consommons, et qui sont préparés avec de la viande, de l'eau ordinaire, des légumes et du sel.

§ Ier.

Recherches des matières volatiles séparées pendant la coction de la viande.

Si l'on fait cuire de la viande dans un appareil distillatoire composé d'une cornue, d'un ballon tubulé, à la tubulure duquel on a adapté un long tube ouvert aux deux bouts, on pourra constater que, pendant la coction, il se volatilise

1° De *l'ammoniaque* sensible à du papier d'hématine plongé dans le tube adapté au ballon ; il est très-probable que la viande abandonne de l'ammoniaque pendant sa cuisson ; mais il est certain que l'eau distillée ordinaire, contenant toujours du carbonate de cette base, doit en laisser dégager dans la même circonstance ;

2° Un *produit sulfuré* qui noircit une lame d'argent plongée dans le ballon, et qui est très-probablement de l'acide hydrosulfurique ;

3° Un *principe doué de l'odeur prédominante de la viande*, et qui se fixe sur la lame d'argent d'une manière remarquable ; nous disons prédominante, parce que les personnes dont l'odorat est exercé reconnaissent, en outre, dans la viande une *odeur sulfurée* appartenant au produit précédent (2°), une *odeur ambrée*, et souvent une autre *odeur qui est nauséabonde* pour beaucoup d'entre elles ;

4° Un *principe odorant ambré*, que l'un de nous a signalé dans la graisse du bœuf, et qui est probablement identique à celui que cet animal exhale quand il a chaud (1) : nous y reviendrons plus bas ;

5° Un *acide volatil* qui a de l'analogie avec l'acide acétique, mais qui peut en différer. Nous n'avons recueilli qu'une très-petite quantité de ce produit, quoique nous ayons tenu au bain-marie bouillant, dans un alambic, 5 kilog. de viande de bœuf et 10 kilog. d'eau pendant huit heures et demie. Le liquide distillé pesait 1 kilog. 350 gr. : l'ayant fait évaporer à sec, après y avoir mis un excès d'hydrate de baryte ; ayant repris le résidu par l'eau, on n'a obtenu qu'une très-faible quantité d'un sel soluble, lequel, ayant été décomposé par l'acide sulfurique faible, a donné l'acide volatil dont nous parlons.

---

(1) *Recherches chimiques* sur les corps gras d'origine animale, par Chevreul, page 255.

§ II.

Recherche des principes immédiats de la décoction de viande.

Nous avons mis un morceau de 500 grammes de viande privée d'os, et, autant que possible, de tendons et de graisse, dans un litre et demi d'eau distillée. La température a été portée peu à peu à l'ébullition, et soutenue à ce degré pendant cinq heures. Le bouillon a été décanté et dégraissé ; nous y avons ajouté la quantité d'eau nécessaire pour l'amener au volume d'un litre. Pendant l'ébullition, on avait eu soin d'ajouter l'eau nécessaire pour que la viande fût toujours submergée.

La décoction de viande avait une odeur de bouillon, une saveur douce et agréable, une couleur jaune légèrement orangée, et une densité de 1,0045. Par conséquent, le poids d'un litre était de $1004^{gr},5$. Il était formé de :

Eau et petite quantité de matières volatiles.	988 gr.	570
Matières organiques fixes dans le vide sec à 20°.	12	700
Matières inorganiques solubles dans l'eau : { potasse. / soude. / acide phosphorique. / chlore. / acide sulfurique (trace).	(1) 2	900
Matières inorganiques insolubles dans l'eau : { phosphate de magnésie. .	0	230
{ phosphate de chaux. / oxyde de fer.	0	100
	1004 gr.	500

Il faut se rappeler que les animaux et les végétaux sont

---

(1) La potasse était à la soude :: 5,5 : 1. La matière inorganique soluble dans l'eau pesant 2 gr. 900 a été obtenue par incinération ; elle paraissait dépourvue de carbonate. La solution était alcaline au papier d'hématine. Il ne serait pas impossible qu'une portion de la potasse ou de la soude provînt de la décomposition d'un sel d'acide organique, ainsi que nous le verrons plus bas.

formés de principes immédiats, tels que le chlorure de sodium, le phosphate de chaux, etc., etc., absolument identiques à des composés du règne minéral, et de principes immédiats, tels que la fibrine, le sucre de lait, le sucre de canne, etc., etc., que l'on n'a rencontrés jusqu'à présent que dans les êtres organisés, et qui, à cause de cette circonstance, ont été distingués des premiers par l'épithète d'*organiques*.

On voit, par notre analyse, que la décoction de viande a donné 13/1000 environ de matière organique, et un peu plus de 3/1000 de sels fixes inorganiques.

Nous aurions désiré présenter à l'Académie une détermination exacte de la nature et des proportions respectives des différents principes immédiats organiques de la décoction de viande; mais, dans l'état actuel de la science, cela ne nous paraît guère possible; cependant, outre les principes immédiats volatils reconnus plus haut, nous pouvons y indiquer deux matières azotées, l'une que nous rapporterons à ce qu'on nomme *gélatine*, et l'autre à ce que nous nommons *albumine cuite*. Il y a, en outre, un *acide* qui est probablement le *lactique* (1). C'est l'ensemble de ce corps et des principes volatils signalés plus haut qui imprime au bouillon et au bouilli de bœuf la saveur et l'odeur qui les caractérisent. Il est probable qu'une partie de l'acide lactique est unie à de la potasse ou à de la soude.

La détermination des principes immédiats inorganiques fixes présente les faits suivants :

1° La prédominance de la potasse sur la soude, ces bases étant l'une à l'autre comme 5,5 : 1. Nous avons déterminé ce rapport par le procédé de M. Sérullas, qui consiste essentiellement à unir ces alcalis à l'acide perchlorique. Il n'est pas étonnant, au reste, que le bœuf qui se nourrit de végétaux terrestres dans lesquels les sels de potasse dominent sur ceux de soude contienne dans sa chair une plus forte quan-

---

(1) Voyez la note 1 à la fin du rapport. (*Note de M. Chevreul.*)

tité des premiers que des seconds. Il serait curieux de connaître le rapport des mêmes bases dans la chair d'un bœuf auquel on aurait donné beaucoup de sel marin avec ses aliments.

2° La prédominance du phosphate de magnésie sur le phosphate de chaux.

3° La quantité notable d'acide phosphorique à l'état de phosphate de potasse ou de soude.

Il se pourrait qu'une portion de cet acide fût, sinon à l'état libre, du moins à l'état de surphosphate, et concourût, avec l'acide lactique, à donner un goût acide au bouillon. Dans cette supposition, il faudrait admettre aussi qu'une portion de ce dernier serait à l'état de lactate alcalin, et que, par l'incinération, la base qu'il saturerait se porterait sur l'acide phosphorique du surphosphate et le changerait en phosphate; car c'est à cet état que se trouve l'acide phosphorique dans la partie soluble dans l'eau, des cendres de l'extrait de bouillon.

§ III.

Recherches pour savoir si le bouillon préparé en faisant chauffer lentement la viande dans l'eau jusqu'à l'ébullition est préférable à celui préparé en plongeant la viande dans l'eau bouillante.

Tout le monde sait qu'on recommande de faire chauffer le pot-au-feu lentement, et, lorsque l'eau est en ébullition, de la maintenir à un faible bouillonnement. Nous avons voulu savoir quelle pouvait être l'influence d'une température subite sur la viande destinée à faire du bouillon. Voici comment nous avons opéré pour arriver à ce but :

On a pris deux morceaux de viande choisis et aussi semblables que possible. L'un a été mis dans un pot de terre avec un litre et demi d'eau distillée froide; on a élevé graduellement la température du liquide à l'ébullition, et on l'a soutenue pendant cinq heures. L'autre morceau a été plongé dans un litre et demi d'eau distillée bouillante. L'ébullition a été maintenue pendant cinq heures.

Au bout de ce temps, les morceaux de viande ont été retirés des deux marmites, on les a laissés égoutter, puis on a ajouté à chaque bouillon l'eau nécessaire pour en porter le volume à un litre; car quoiqu'on eût ajouté de l'eau pendant la coction afin de maintenir toujours la viande submergée, cependant on n'en avait pas ajouté autant qu'il s'en était vaporisé.

Le goût du bouillon provenant de la viande plongée dans l'eau bouillante a été jugé *unanimement*, par une dizaine de personnes, moins bon que celui du bouillon fait par le procédé ordinaire, et l'examen chimique des deux bouillons a, jusqu'à un certain point, expliqué ce résultat. En effet, le dernier contenait près de 13/1000es de matières organiques et 3/1000es de sels fixes, tandis que l'autre ne contenait guère que 10/1000es de matières organiques et 2/1000es de sels fixes.

D'une autre part, la viande qui avait été chauffée doucement jusqu'à l'ébullition s'était réduite de 500 grammes à 326 de bouilli, et à 3 grammes 25 de graisse séparée de ce dernier, tandis que l'autre viande avait donné 337 grammes de bouilli retenant presque toute la graisse, car il s'en était à peine séparé à la surface du bouillon. Le second bouilli était meilleur que le premier, au jugement de la *plupart* de ceux qui les goûtèrent ; cependant la différence ne fut pas trouvée aussi grande que celle qui existait entre leurs bouillons respectifs.

Il résulte de là que la meilleure manière de préparer le bouillon est de chauffer lentement la viande avec l'eau, et il est peut-être convenable d'appuyer sur cette conclusion, par la raison que quelqu'un avait conseillé à la compagnie hollandaise de plonger la viande dans l'eau bouillante. On conçoit, au reste, que les parties de l'albumine et de la fibrine qui sont à l'extérieur, se durcissant par la chaleur subite qu'elles éprouvent, forment ainsi une sorte d'enveloppe qui s'oppose à la libre pénétration de l'eau du pot-au-feu dans l'intérieur de la viande.

§ IV.

Examen comparé du bouillon de la compagnie hollandaise et de celui préparé à l'hôpital militaire du Val-de-Grâce.

Éclairés par les expériences précédentes, nous avons soumis le bouillon de la compagnie hollandaise à un examen comparatif avec un bouillon préparé en grand, sous nos yeux, pour l'usage des malades de l'hôpital militaire du Val-de-Grâce, d'après la recette suivante :

Eau.	2000
Viande de bœuf d'excellente qualité.	500
Légumes frais.	26,8
Oignons brûlés.	5,4
Sel.	8

On porte lentement à l'ébullition l'eau qui est contenue dans des vaisseaux de cuivre où l'on a mis la viande et le sel ; les légumes ne sont introduits qu'après que les écumes ont été enlevées. On concentre le liquide à moitié.

La densité de ce bouillon, à 17 degrés, est de 1,0110 ; celle du bouillon de la compagnie hollandaise est de 1,0120. Conséquemment, le litre du premier pèse 1011 grammes, tandis que celui du deuxième en pèse 1012.

Voici les résultats de l'analyse des deux bouillons pour un litre :

	Bouillon de la compagnie holland.	Bouillon du Val-de-Grâce.
Eau..	991gr.,300	991gr.,000
Matière organique soluble dans l'alcool faible.	9 440	8 820
Matière organique insoluble dans l'alcool faible..	3 123	1 515
Sels solubles dans l'eau : { potasse. soude. chlore. acide phosphorique. acide sulfuriq. (trace).	7 670	9 155
Sels insolubles dans l'eau : { phosph. de magnésie. phosphate de chaux. oxyde de fer. oxyde de cuiv. (trace).	0 467	0 510
	1012gr.,000	1011gr.,000

Aux espèces de principes immédiats, indiquées plus haut dans la décoction de viande faite à l'eau distillée, il faut ajouter :

1° Le sucre, une matière non azotée, dite gommeuse ou mucilagineuse, une ou plusieurs matières azotées, un ou plusieurs acides organiques, un ou plusieurs principes odorants, plusieurs principes colorants et des sels, que les légumes employés peuvent céder à l'eau bouillante (1) ;

2° Le sel marin introduit dans la marmite ;

3° Les sels contenus dans l'eau commune qui sert à cuire la viande.

Il y a visiblement la plus grande analogie entre la composition des deux bouillons : la différence, en matière organique, est à l'avantage de celui de la compagnie hollandaise. Et nous ferons remarquer que l'échantillon sur lequel nous avons opéré avait été acheté, à la fabrique même, par une personne de confiance, qui n'a point parlé de l'usage auquel on le destinait. En énonçant ce fait à l'Académie, c'est lui

______

(1) Voyez la note V à la fin du rapport. (*Note de M. Chevreul.*)

dire que sa commission a pris toutes les précautions imaginables pour ne donner que des résultats positifs (1).

Si nous avions borné notre examen à celui du bouillon du Val-de-Grâce, qui est préparé dans des marmites de cuivre, on aurait pu attribuer à la matière des vaisseaux le cuivre qu'on y a reconnu ; mais, sans affirmer que ces vaisseaux n'aient pas eu d'influence sur les résultats dont nous parlons, cependant ils n'en peuvent être l'unique cause, puisque le bouillon de la compagnie hollandaise, préparé dans des vases de fer-blanc, du bouillon préparé, sous nos yeux, dans des vases d'étain, de terre, et enfin des viandes de bœuf, de veau et de mouton des boucheries, nous ont offert des traces du même métal. Mais le cuivre est-il un des éléments essentiels des matières organiques? C'est une opinion difficile à admettre, même en regardant comme exacts les résultats de M. Meissner et de M. Sarzeau ; car les quantités de cuivre indiquées par ce dernier dans le *quinquina gris*, la *garance*, le *café*, le *froment* et le *sang de bœuf* sont très-petites. D'un autre côté, nous avons reconnu que des échantillons de viande de bœuf, de veau et de mouton, pris par nous-mêmes sur des animaux récemment tués, examinés absolument de la même manière que les échantillons des boucheries, qui nous avaient donné du cuivre, ne nous en ont point offert. Nous ne prétendons pas dire que les matières organiques analysées par M. Meissner et M. Sarzeau contenaient *accidentellement* du cuivre, par la raison que nous n'avons pas examiné les mêmes matières que celles qui ont fixé leur attention, et en outre que nous avons opéré sur des quantités plus faibles que celles qui ont été analysées par M. Sarzeau : ce que nous voulons établir, c'est que des viandes de boucheries peuvent donner à l'analyse une quantité sensible de cuivre, qu'on ne retrouve pas dans des échantillons différents des mêmes sortes de viandes qu'on a préparées avec

---

(1) Voyez la note II à la fin du rapport. (*Note de M. Chevreul.*)

plus de soin qu'on n'en apporte, en général, dans les boucheries (1).

Quelle que soit, au reste, l'opinion qu'on ait sur l'existence du cuivre dans les êtres organisés, il n'en est pas moins vrai que ce métal peut se rencontrer dans nos aliments, et notamment dans le bouillon : mais la quantité que nous y avons trouvée est extrêmement faible ; car, certainement, elle était loin de s'élever à un milligramme par litre de bouillon, ou pour 1011 ou 1013 grammes pesant.

En parlant de la présence d'une matière vénéneuse dans nos aliments, nous ferons remarquer que la proportion de cuivre y est trop petite pour qu'on puisse lui attribuer quelque influence nuisible sur l'économie animale ; et nous ajouterons que, dans des cas de médecine légale, où il s'agirait de rechercher la présence de ce métal dans des cadavres, ou des matières provenant d'individus qu'on supposerait avoir été empoisonnés à dessein prémédité par des préparations cuivreuses, il faudrait que les experts appelés à constater un pareil délit fussent suffisamment familiarisés avec les procédés de l'analyse chimique, pour présenter aux tribunaux des résultats donnant non-seulement *la preuve de l'existence* du poison, mais encore la proportion où il se trouverait dans les matières examinées. Il y a une si grande différence entre les quantités de cuivre indiquées dans les composés organiques et celles nécessaires pour causer un empoisonnement, qu'il ne peut y avoir d'incertitude sur les conséquences à tirer d'expériences bien faites. Ainsi, de ce que le cuivre a été reconnu dans nos aliments, ce n'est pas une raison pour que des malfaiteurs croient pouvoir impunément se servir de préparations de ce métal pour accomplir de funestes projets.

---

(1) Voyez la note III à la fin du rapport. (*Note de M. Chevreul.*)

TROISIÈME PARTIE.

Vues sur l'influence de la chaleur dans la préparation des aliments.

L'un de nous, qui avait examiné l'influence de la chaleur sur le blanc d'œuf (1), et qui, plus tard, ayant traité de cette influence d'une manière générale sur les matières organiques (2), y avait rapporté le phénomène de la *cuisson des aliments*, a profité de cette occasion pour soumettre la viande à quelques expériences, conformément à ses vues.

La viande de bœuf cède à l'eau froide une matière plus ou moins colorée en rouge par l'hématosine. La liqueur, évaporée dans le vide sec à une température qui n'excède pas 20 degrés, laisse un résidu d'un rouge-brun, presque inodore tant qu'il reste exposé à l'air libre, mais qui, renfermé dans un flacon qu'il ne remplit pas complétement, en imprègne l'atmosphère d'une odeur de viande crue, différente de celle de la viande cuite. La saveur de ce résidu est douceâtre, acide, agréable et peu odorante. Le délaye-t-on dans dix fois son poids d'eau pour le faire chauffer ensuite jusqu'à l'ébullition, un abondant coagulum d'*albumine cuite* unie à un peu d'acide libre du bouillon se sépare ; un produit légèrement sulfuré manifeste son développement par la teinte fauve ou brune qu'il communique au papier de plomb que l'on a plongé dans l'atmosphère du vaisseau où la matière soluble de la viande est chauffée ; enfin une odeur agréable de bouilli se développe en même temps.

D'un autre côté, la viande, qui a été épuisée, autant que

---

(1) *De l'influence que l'eau exerce sur plusieurs substances azotées solides*, par M. Chevreul. Mémoire lu à l'Académie des sciences le 9 juillet 1821, imprimé dans les *Mémoires du muséum d'histoire naturelle*, t. XIII, page 166.

(2) *Considérations générales sur l'analyse organique*, 1824, par M. E. Chevreul. Paris, Levrault, page 80 et suivantes.

possible, de toute matière soluble dans l'alcool froid, exhale une légère odeur fade; lorsqu'on la traite par l'eau bouillante, elle se partage en matière soluble qui est de la nature de la gélatine, et en matière insoluble qui est entièrement ou presque entièrement formée de fibrine. Fait remarquable, les particules de cette dernière se sont rapprochées et ont éprouvé, par la cuisson, un endurcissement absolument analogue à celui que les particules de l'albumine éprouvent lorsque cette substance est coagulée par la chaleur.

On voit donc que la coction de la viande et la production du bouillon, opérations simultanées, présentent des phénomènes complexes, qu'on ne peut étudier qu'en cherchant à voir ce qui se passe dans chacun des principes immédiats qui constituent cette viande, lorsqu'ils reçoivent l'action d'une température de 100 degrés, avec le contact plus ou moins libre de l'eau dans laquelle ils sont submergés.

L'albumine de la viande se divise en deux parties : l'une est dissoute avant que la température de l'eau soit élevée au point où cette substance se coagule, ou, ce qui revient au même, se cuise ; l'autre portion reste dans la viande. Lorsque la température est suffisamment élevée, toute l'albumine se cuit : c'est alors que la portion dissoute se réduit en une partie solide, colorée par de l'hématosine qui constitue essentiellement l'écume du pot, et en une partie qui reste en solution dans l'eau. Nous avons lieu de penser que cette partie est moindre qu'elle ne le serait, si l'albumine de la viande, au lieu d'être en présence d'un acide, était, comme l'albumine du blanc d'œuf, en présence d'un alcali.

Le tissu cellulaire, qui pénètre dans toutes les parties de la viande, et notamment celui qui enveloppe la graisse, le tissu tendineux, se transforment également en deux parties, l'une qui se dissout à l'état de gélatine, et l'autre qui reste à l'état d'une matière solide plus ou moins molle, plus ou moins gonflée. C'est à ce dernier état qu'il faut rapporter ce qu'on appelle vulgairement et improprement le *nerf* du bouilli, matière qui n'est que le tendon ramolli et plus ou moins gonflé par l'action de l'eau et de la chaleur.

Quant au tissu musculaire, essentiellement composé de fibrine, il éprouve, comme l'albumine, un endurcissement; mais il en diffère en ce qu'il n'y en a pas qui soit dissous par l'eau. Si de l'albumine, du tissu gélatineux, et même de la stéarine, de l'oléine et de la cérébrine, n'étaient pas interposés entre les particules de la fibrine, cette substance serait trop coriace pour être un aliment recherché.

La graisse, formée d'oléine et de stéarine, ne paraît pas éprouver de changement. Une portion reste dans la viande, comme nous venons de le dire, et une autre vient nager au-dessus du bouillon.

La matière cérébrale continue à donner de l'odeur au bouillon, et principalement au bouilli; mais cette odeur, qui se manifeste surtout par la chaleur, existe peut-être déjà dans la matière cérébrale avant la cuisson. C'est, au reste, un point sur lequel l'un de nous reviendra dans un travail spécial.

Nous n'avons point le même doute sur le genre de développement du principe qui prédomine dans l'odeur du bouillon et du bouilli. Celui-ci est formé ou mis en liberté par suite d'un nouvel état d'équilibre qui s'établit entre les éléments d'un ou de plusieurs principes immédiats de la viande qui sont solubles dans l'eau. Le principe sulfuré a la même origine; son développement est un phénomène concomitant de la coagulation de l'albumine, ainsi qu'on l'observe dans la coagulation du blanc d'œuf.

Le principe ambré, qui n'existe pas toujours, du moins en quantité sensible, est-il tout formé, ou proviendrait-il d'un changement qu'éprouverait, par l'effet de la chaleur, une matière analogue à celle qui se trouve dans la bile? Ces questions sont à résoudre; mais il est certain qu'il y a des cas où plusieurs parties du bœuf exhalent le principe ambré sans qu'il y ait coction, que la bile de cet animal renferme une matière qui développe une odeur analogue dans plu-

sieurs circonstances, et notamment par la coction, et enfin
que sa matière cérébrale, à une certaine époque de son alté-
ration spontanée, exhale la même odeur (1).

La manière dont nous venons de considérer la viande
crue et la viande cuite explique plusieurs faits qu'on ne con-
cevrait pas bien autrement. Ainsi on peut conserver de la
viande en l'exposant à une température de 100°, ou en la
séchant par ventilation à la température ordinaire. Il est
évident que la première ne sera plus susceptible, étant
chauffée au milieu de l'eau, de donner du bouillon, comme
la viande séchée par le second procédé, lorsque celle-ci aura
été préalablement gonflée par l'eau froide, avant d'être mise
dans le pot-au-feu.

Cette manière de voir explique bien la différence qui
existe entre les tablettes de bouillon et le bouillon ; car l'évaporation par laquelle celui-ci a été converti en extrait sec
l'a dépouillé d'une grande partie des principes aromatiques
qui le font rechercher et qui le distinguent si éminemment
des aliments liquides qui en sont dépourvus.

Si une matière sèche peut représenter l'extrait de bouillon
quant à son odeur spéciale, c'est celle que nous mettons sous
les yeux de l'Académie. Elle est soluble dans l'eau. Sa solution, pour ainsi dire inodore, est-elle portée à une température de 100°, elle devient odorante, et rappelle, sous ce
rapport, l'odeur spéciale du bouillon ; nous disons spéciale,
parce que, si l'on y reconnaît l'odeur dite d'osmazôme et
l'odeur sulfurée du bouillon ordinaire, on n'y retrouve pas
l'odeur ambrée, ni celle de la matière cérébrale (2).

Si déjà nous ne craignions de nous être éloignés du but
de ce rapport, nous ferions voir que la cuisson produit dans
beaucoup de légumes, tels que le chou, le topinambour, etc.,
des phénomènes analogues à ceux que présente la viande,

---

(1) Pour apprécier l'influence du chlorure de sodium dans la cuisson,
voyez les notes V et VI à la fin du rapport. (*Note de M. Chevreul.*)
(2) Voyez la note IV à la fin du rapport. (*Note de M. Chevreul.*)

et nous ferions remarquer que l'analyse d'une espèce de crucifère a offert à l'un de nous, il y a longtemps, un *produit cuit* qui a beaucoup d'analogie avec le bouillon de viande. En effet, on y a trouvé des phosphates, un acide libre, des matières azotées, et enfin un principe aromatique que nous ne prétendons pas rapporter à ce qu'on a appelé osmazôme, mais qui s'en rapproche par son odeur (1).

Il est visible que, dans l'analyse organique, il faut tenir compte du phénomène de cuisson, si l'on veut se représenter exactement la nature des matières analysées qui ont été soumises à l'action de la chaleur ; faute d'y avoir égard, il est des cas où l'on serait conduit à attribuer à la nature vivante des modifications déterminées par une élévation de température dans l'arrangement des éléments des principes immédiats ; mais, tout en énonçant cette manière de voir, nous admettons la possibilité que des modifications analogues et même identiques se manifestent dans des circonstances où il semble que les matières qui les éprouvent soient soustraites à l'influence d'une élévation de température.

CONCLUSIONS.

D'après ce que nous avons vu dans l'atelier de la compagnie hollandaise, d'après des attestations certifiées par plusieurs autorités légalement instituées, d'après des renseignements fournis par différents particuliers qui font usage du bouillon de la compagnie depuis l'origine de la fabrication, nous concluons

1° Que l'appareil monté par M. Ph. Grouvelle pour préparer du bouillon en grand paraît parfaitement remplir son objet ;

2° Que les soins apportés à la confection du bouillon, soit pour le choix de la viande, soit pour la conduite des opéra-

(1) Voyez la note V à la fin du rapport. (*Note de M. Chevreul.*)

tions nécessaires à la cuisson, soit enfin pour le distribuer aux consommateurs, doivent en recommander l'usage auprès des hospices et des personnes qui ne sont pas en position de faire chez elles cette préparation ;

3° Qu'il est à désirer que non-seulement l'usage de ce bouillon se propage, mais encore celui de la viande qui a servi à le préparer ; car cette viande cuite, considérée en elle-même et relativement au prix auquel la vend la compagnie hollandaise, est un bon aliment.

Mais, en exprimant ce désir, ne nous demandera-t-on pas si nous avons l'assurance que la fabrication du bouillon sera toujours aussi soignée qu'elle l'est aujourd'hui ? S'il est des procédés industriels sur lesquels il nous serait impossible de répondre affirmativement à cette question, il faut convenir que celui que nous examinons n'est pas absolument dans ce cas. La compagnie nous paraît présenter toutes les garanties possibles qu'elle continuera de faire ce qu'elle a commencé ; d'ailleurs son intérêt même le lui commande : car le bouillon n'est pas un produit dont on fasse provision ; une fois acheté, il est bientôt consommé ; dès lors, s'il venait à perdre les qualités qui le font rechercher aujourd'hui, on s'en apercevrait aussitôt, et on en cesserait l'usage.

SERRES, G. S. SÉRULLAS, FLOURENS, MAGENDIE, baron DUPUYTREN,

E. CHEVREUL, *rapporteur*.

NOTES.

NOTE I.

Sur une nouvelle substance contenue dans la chair de bœuf,

Par M. CHEVREUL.

I. *Nomenclature.*

Quoique je ne sois pas absolument convaincu qu'une substance cristalline que j'ai retirée de l'extrait aqueux de la viande de bœuf n'ait pas été aperçue, et que je ne pense pas l'avoir soumise à un assez grand nombre d'expériences pour en démontrer la nature spécifique, cependant, comme j'ai été obligé de publier le rapport précédent avant le temps qui m'aurait été nécessaire pour achever les recherches dont il a été pour moi l'occasion, et que, d'un autre côté, j'ai obtenu cette substance cristallisée et dans un état où elle me semble pure, je vais la décrire, et, afin d'éviter les périphrases, je la désignerai par la dénomination de *créatine*, tirée du grec κρέας, ατος, *chair*.

II. *Propriétés physiques.*

La *créatine* est remarquable par la limpidité de ses cristaux, qui affectent la forme de prismes droits rectangulaires.

Elle a un éclat nacré, surtout sensible dans les cristaux minces.

Sa densité est entre 1,35 et 1,84.

III. *Propriétés chimiques.*

Écrasée avec de l'eau sur des papiers d'hématine, de tournesol et de curcuma, elle n'en change pas les couleurs : c'est donc une substance neutre.

A la température de 18°, 1000 parties d'eau ont dissous 12^p,04 de créatine. La solution est douée des propriétés suivantes :

Elle ne fait éprouver aucun changement aux solutions de chlorure de barium, d'oxalate d'ammoniaque, de nitrate d'argent, de sulfate de cuivre, de sulfate de peroxyde de fer, de sous-acétate de plomb, du moins aux solutions étendues d'une certaine quantité d'eau, car je n'ai pas opéré avec des liquides aussi concentrés que possible. Elle ne trouble pas le chlorure de platine concentré ; peut-être troublerait-elle le nitrate de protoxyde de mercure mêlé de nitrate de peroxyde. Cette dissolution mixte, qui, chauffée avec la laine et un grand nombre de matières organiques azotées, les colore en rouge-brun, ne développe pas de couleur lorsqu'on la chauffe avec la créatine.

L'alcool n'a sur elle qu'une bien faible action, puisque 1000 parties de ce liquide, d'une densité de 0,810, en ont dissous à peine $0^P,5$ de créatine, à la température de 15°.

La créatine est dissoute par l'acide sulfurique concentré ; la solution se fait lentement, et pendant qu'elle s'opère, la créatine reste dans la couche supérieure du liquide ; la solution ne se colore pas lorsqu'elle est chauffée à 100°.

La créatine s'enfonce dans l'acide nitrique d'une densité de 1,34 et s'y dissout. La solution est incolore. Lorsqu'on la chauffe au bain-marie dans une cloche étroite, elle dégage de la vapeur hyponitrique, se colore en jaune ; de petites bulles se dégagent lors même qu'elle a été retirée du bain-marie. Si on fait évaporer la liqueur dans une capsule, elle se décolore, et on obtient un résidu incolore ou très-légèrement jaune. Ce résidu, repris par l'eau, donne une solution qui précipite le chlorure de platine, et qui, abandonnée à l'air, cristallise en petits grains.

La créatine s'enfonce dans l'acide hydrochlorique d'une densité de 1,19; elle se dissout sans le colorer. La solution évaporée donne des cristaux incolores disposés en dendrites, qui ne précipitent pas le chlorure de platine.

Lorsqu'elle est dissoute dans l'eau, elle se décompose, mais assez lentement; elle exhale une odeur ammoniacale assez prononcée et une odeur fade. La liqueur perd de sa transparence.

La créatine, chauffée dans un petit tube de verre fermé à un bout, pétille, dégage de la vapeur d'eau, et de transparente qu'elle était devient opaque et blanche. Elle se fond ensuite, se colore, et donne de l'ammoniaque, sensible aux papiers d'hématine, de tournesol et de curcuma. Presque en même temps que l'ammoniaque se manifeste, il se développe une odeur prussique, qui bientôt est accompagnée d'une autre odeur qui m'a paru phosphorée. (A cette époque, un papier de plomb qu'on plongea dans le tube conserva sa blancheur.) Enfin il se dégage une vapeur jaune, qui se condense en liquide, dont une partie cristallise par refroidissement en petits prismes ; le charbon est assez abondant ; il ne laisse qu'une trace de cendre qui ne donne pas à l'eau la propriété de troubler le nitrate d'agent.

IV. *Propriétés organoleptiques.*

La créatine est inodore. — Elle n'a pas de saveur sensible.

V. *Préparation.*

C'est en traitant par l'alcool l'extrait aqueux de la viande préparé dans le vide sec , que j'ai obtenu la créatine. Malheureusement les matières , très-solubles dans l'eau , qui accompagnent cette substance s'opposent à ce qu'elle se sépare facilement de son dissolvant, de sorte que l'on n'en obtient que très-peu relativement à la quantité qui reste dans les eaux mères; il est probable que cette difficulté a empêché qu'on ait aperçu plutôt cette substance.

VI. *Composition.*

La créatine contient de l'eau de cristallisation, qu'elle perd de 100 à 110°, et certainement de l'azote et du carbone. Je ne puis aller au delà de ce fait ; je ne serais point étonné qu'elle fût analogue à l'urée par sa composition, en cela qu'elle serait représentée par de l'ammoniaque et un acide carboné.

Je suis loin de prétendre avoir fait connaître la nature de la créatine par cette note ; je reviendrai sur cette matière dans un mémoire particulier, où je l'examinerai avec toute l'attention qu'elle me paraît mériter. Le principal obstacle à cette étude est assurément la difficulté que j'ai eue jusqu'ici de me procurer la quantité de matière qui serait nécessaire à des recherches approfondies , et je n'ose indiquer le poids de créatine qui a servi à mes expériences, tant il était petit.

Quoique la créatine soit inodore et insipide, cependant, comme elle se trouve dans le bouilli et le bouillon, il serait prématuré de croire qu'elle est dépourvue de toute influence dans la nutrition. Elle existe probablement dans d'autres matières animales que la chair musculaire; je ne serais point étonné qu'elle eût été confondue dans quelques circonstances avec le chlorure de sodium ou de potassium ; je m'occupe de la rechercher dans plusieurs matières animales où j'en soupçonne la présence.

En terminant cette note, je ferai remarquer que j'ai obtenu, de l'extrait de viande, *une matière d'une saveur douce* , *sucrée ;* mais je ne l'ai point assez bien isolée de tout corps étranger pour prononcer sur sa nature comme corps particulier.

Depuis la lecture de cette note à l'Institut , j'ai soumis à quelques expériences comparatives la créatine et l'asparagine, ces deux substances m'ayant paru avoir de l'analogie ensemble.

1000 parties d'eau à 16° ont dissous 18,07 parties d'asparagine.

1,000 parties d'eau à 16° ont dissous 12,04 parties de créatine.

La solution d'asparagine a donné des prismes rhomboïdaux dont l'angle obtus est de 130°, et des prismes tronqués sur les arêtes longitudinales, forme qui indique un passage à celle du prisme à base rectangle.

La solution de créatine n'a donné que des prismes droits rectangulaires. Par conséquent, il n'est pas possible de dire si cette forme appartient au cube (1), ou au prisme droit à base carrée, ou enfin au parallélipipède rectangle ; il n'est pas possible, par conséquent, de dire si la forme de la créatine est compatible avec celle de l'asparagine : elle ne le serait pas dans les deux premiers cas; elle le serait, au contraire, dans le troisième.

Quoi qu'il en soit, les cristaux des deux substances, obtenus dans les mêmes circonstances, étaient trop différents pour être confondus les uns avec les autres.

Les solutions de 0^{gr},05 d'asparagine dans 2$^{c.c.}$,5 d'acide sulfurique à 1,84 et celles de 0^{gr},05 de créatine dans 2$^{c.c.}$,5 du même acide sont incolores et restent telles lorsqu'on les chauffe à 100° pendant une demi-heure ; mais, si la solution d'asparagine est chauffée à feu nu, elle brunit avant de bouillir, et dégage de l'acide sulfureux, tandis que la solution de créatine bouillante reste, pour ainsi dire, incolore, et dégage à peine de l'acide sulfureux.

0^{gr},01 d'asparagine et 0^{gr},01 de créatine, mis séparément chacun avec 2$^{c.c.}$,5 d'acide nitrique d'une densité de 1,34 dans des tubes fermés à un bout de 0^m,15 de longueur et de 0^m,015 de diamètre, forment à l'instant des solutions. Lorsqu'on plonge ces tubes dans un bain d'eau bouillante, la solution d'asparagine ne se colore pas et n'exhale pas de vapeur hyponitrique sensible, tandis que la solution de créatine se colore en jaune et exhale beaucoup de vapeur rutilante. Si les tubes sont retirés du bain après cinq minutes, des bulles se dégagent de cette dernière solution, et ce dégagement continue pendant un certain temps ; tandis qu'il ne se dégage absolument rien de la solution d'asparagine. Les tubes étant replongés dans le bain-marie bouillant, le dégagement de la vapeur hyponitrique se continue encore; et enfin il cesse, et la couleur jaune de la solution s'évanouit.

Lorsqu'on chauffe à 100° 0^{gr},05 d'asparagine dans 5 $^{c.c.}$ d'eau de baryte, il y a un dégagement d'ammoniaque que le papier rouge de

---

(1) La première fois que j'eus l'occasion de remarquer la créatine cristallisée, je l'observai avec des cristaux cubiques, dont les uns étaient isolés et les autres groupés en trémies ; ces formes étant parfaitement compatibles avec le prisme droit rectangulaire, je regardai tous ces cristaux comme appartenant à la créatine. Depuis que j'ai fait de nouvelles expériences sur la cristallisation de cette substance, j'ai cru possible que les cristaux cubiques isolés ou groupés en trémies, remarqués antérieurement, appartinssent à du chlorure de sodium, n'ayant point observé la créatine sous ces formes dans mes dernières expériences.

tournesol rend très-sensible ; la liqueur, évaporée à sec, laisse un résidu qui, étant repris par l'eau et décomposé par l'acide sulfurique, donne une solution d'acide aspartique qui, par la concentration, le laisse cristalliser sous la forme de lames nacrées qui paraissent carrées.

0^{gr},05 de créatine, traités absolument de la même manière que l'asparagine, dégagent de l'ammoniaque ; mais là s'arrête l'identité des phénomènes. La solution barytique de créatine, évaporée à sec et reprise par l'eau et l'acide sulfurique, donne un acide très-différent de l'acide aspartique. L'acide de la créatine est très-soluble dans l'eau : cette solution peut être concentrée en sirop sans donner de cristaux ; elle diffère donc beaucoup de celle de l'acide aspartique. L'acide de la créatine est soluble dans l'alcool à 0,830, et le sel qu'il forme avec la baryte l'est également dans ce liquide ; enfin cet acide m'a paru azoté comme l'est l'acide aspartique.

La créatine, soumise à la distillation dans un petit tube de verre comparativement avec l'asparagine, se comporte d'une manière analogue : on obtient de l'eau, des produits ammoniacaux, des huiles empyreumatiques, des gaz et un résidu de charbon ; mais la créatine donne un produit d'une odeur phosphorée ou alliacée que l'asparagine ne présente pas dans la même circonstance.

Enfin 0^{gr},030 de créatine incinérés ont laissé une cendre colorée en jaune par du peroxyde de fer, qui était inappréciable à une balance sensible à moins de 1 milligramme. La même quantité d'asparagine a donné une cendre ferrugineuse qui m'a paru égale à celle de la créatine.

En définitive, la créatine diffère de l'asparagine

1° En ce qu'elle cristallise différemment dans des circonstances semblables ;

2° En ce qu'elle est plus soluble dans l'alcool et moins dans l'eau ;

3° En ce que sa solution sulfurique ne se colore pas à une température où la solution d'asparagine devient brune ;

4° En ce que sa solution dans l'acide nitrique devient jaune et dégage de la vapeur hyponitrique dans des circonstances où la solution nitrique d'asparagine ne présente aucun de ces phénomènes ;

5° En ce que sous l'influence de la baryte elle donne un acide très-différent de l'acide aspartique.

Enfin, si la créatine me paraît fort distincte de l'asparagine, cependant ces deux substances ont beaucoup d'analogies ; il est bien probable que ce sont des sels ammoniacaux.

NOTE II.

Examen d'un excellent bouillon.

Par M. CHEVREUL.

J'ai pensé qu'il serait utile d'exposer ici les résultats que m'a présentés la coction d'une excellente viande ; le bouillon qu'elle a donné était d'une qualité vraiment supérieure.

On a mis dans un pot de terre vernissé de 6 litres environ :

> Viande de bœuf. . . 1^{k},4335.
> Os. . . . . 0 ,4300.
> Sel marin. . . . . . 0 ,0405.
> Eau. . . . . 5 ,0000.

On a chauffé graduellement jusqu'à l'ébullition, on a écumé, puis on a ajouté :

> Navets.. . . . .⎫
> Carottes. . . . . ⎬ 0^{k},3310.
> Un oignon brûlé. . . .⎭

On a maintenu le bouillonnement à un faible degré pendant cinq heures et demie.

On en a obtenu :

> Excellent bouillon.. . . 4 litres.
> Excellent bouilli.. . . . 0^{k},8580.
> Os. . . . . 0 ,3925.
> Légumes cuits. . . . . 0 ,3480.

Le bouillon, d'une odeur et d'une saveur agréables, avait une densité de 1,0136 ; conséquemment, le litre pesait 1013^{gr},6.

Un litre était formé de :

Eau..		985^{gr},600.
Matière organique fixe à 20° dans le vide sec.. . . .		16 ,917.
Sels solubles dans l'eau :	potasse. . . . . ⎫ soude. . . . . ⎪ chlore. . . . . ⎬ acide phosphorique. . . .⎪ acide sulfurique. . . . . ⎭	10 ,724.
Sels insolubles :	phosphate de magnésie. ⎫ phosphate de chaux. . . ⎬ deutoxyde de cuivre. . . ⎭	0 ,539.

1013^{gr},780.

D'après des expériences que je ne rapporterai pas, et qui consistaient essentiellement à traiter les mêmes quantités de légumes par la même quantité d'eau et de sel que les quantités respectives des mêmes matières qui avaient été employées pour préparer le bouillon dont je viens de parler, j'estime que, dans 1 litre de ce liquide, les matières fixes à 20° dans le vide sec avaient cette origine :

> 10 gr.   provenaient du sel,
> 12 à 11. . . . . de la viande,
> 6 à 7. . . . . des légumes.

Un autre bouillon, préparé avec des matières choisies par moi-même et cuites dans un vase qui ne pouvait céder de cuivre, n'a pas donné de trace sensible de ce métal à l'analyse.

NOTE III.

Sur le cuivre contenu dans le froment.

Par M. CHEVREUL.

De nouvelles recherches sur l'existence du cuivre dans plusieurs matières organiques, et particulièrement dans le froment, m'ont donné les résultats suivants :

300 grammes de grains de froment pris dans le commerce ont présenté, dans leur cendre, une trace de cuivre.

500 grammes de grains de froment de la commune du Hay, banlieue de Paris, *détachés par moi-même de l'épi*, puis lavés à l'eau distillée pour en séparer les corps étrangers, ayant été brûlés ensuite dans une capsule de platine avec toutes les précautions imaginables, ont laissé une cendre qui n'a pas donné de quantité sensible de cuivre à l'analyse.

Je ne conclus pas *nécessairement* de ces faits que les chimistes qui disent avoir trouvé du cuivre dans les végétaux ont été trompés sur l'origine qu'ils ont assignée à ce métal ; car des matières cuivreuses pouvant faire partie d'un sol, et l'eau absorbée par les plantes qui végètent dans ce sol pouvant avoir dissous des traces de ces mêmes matières, je conçois dès lors comment ces plantes contiendront du cuivre. Mais ce que je conclus de mes expériences, c'est que *tous les échantillons de froment ne contiennent point essentiellement ce métal ; c'est qu'en négligeant les précautions que j'ai prises on peut trouver dans des matières organiques une quantité de cuivre qui y a été portée accidentellement.*

P. S. *Des journaux, en rendant compte de la séance de l'Académie des sciences du 30 avril 1832, m'ont fait dire que je n'avais pas trouvé de cuivre dans 200 grains de froment; il y a une erreur que je rectifie ici : la quantité sur laquelle j'opérai était de 200 grammes.*

NOTE IV.

Sur les phénomènes que présente la cuisson de plusieurs sortes de viandes.

Par M. CHEVREUL.

Si l'on traite les viandes de veau, de mouton, de poulet et de perdrix par l'eau froide, et si l'on fait évaporer les lavages dans le vide sec, on obtient des extraits qui sont bien analogues, mais non identiques à l'extrait de la viande de bœuf préparé par le même procédé.

Les extraits de viande de veau et de mouton donnent, comme celui de viande de bœuf par l'ammoniaque, un précipité cristallin presque entièrement formé de phosphate ammoniaco-magnésien. Tous les trois sont acides au tournesol; ils contiennent, outre plusieurs sels, du phosphate de chaux qui n'est pas précipitable par l'ammoniaque.

Pour apprécier les analogues et les différences de ces trois extraits, je vais présenter, dans le tableau suivant, les phénomènes que j'ai observés en exposant à la chaleur 0^{gr},5 de chacun d'eux, bien délayés dans 66 gr. d'eau, et qui avaient cédé à ce liquide tout ce qu'ils pouvaient lui céder de matière soluble.

EXTRAIT DE BOEUF.	EXTRAIT DE VEAU.	EXTRAIT DE MOUTON.
SOLUTION ROUGEATRE ACIDE.	SOLUTION JAUNATRE ACIDE.	SOLUTION ROUGEATRE ACIDE.
33 centimètr. cubes chauffés dans un petit ballon de verre se sont troublés en manifestant { *odeur de bouillon.* *soufre* qui jaunissait le papier de plomb. } Le coagulum était rougeâtre.	33 centimètres cubes chauffés dans un petit ballon de verre se sont troublés à 55 degrés, et coagulés à 80 en manifestant { *odeur de bouillon de veau ou de veau rôti.* *soufre* qui jaunissait le papier de plomb. } Le coagulum était blanc.	33 centimètres cubes chauffés dans un petit ballon de verre se sont troublés à 48 degres, et coagulés de 71 à 78 en manifestant { *odeur de bouillon moins prononcée que les précédents.* *une légère odeur hircique.* *soufre* sensible au papier de plomb. } Le coagulum était jaune-rougeâtre.
Au bout de vingt-quatre heures, le liquide qui avait été chauffé et complétement refroidi a été examiné comparativement avec 33 centimètres cubes qui ne l'avaient pas été.	Idem.	Idem.
La première liqueur avait une odeur et une saveur de bouillon ou de bouilli froid.	Idem.	Idem.
La seconde liqueur n'avait qu'une odeur et une saveur faibles, qui n'étaient pas celles du bouillon.	Idem.	Aucune odeur; saveur très-légère.

L'extrait de chair de poulet est incolore, acide, peu odorant ; il précipite, par l'ammoniaque, du phosphate ammoniaco-magnésien et du phosphate de chaux gélatineux.

Lorsqu'on en a délayé 0^{gr},5 dans 66 gr. d'eau, et qu'on en fait chauffer la moitié, il se développe une odeur de *bouillon de poulet* très-sensible.

L'extrait de chair de perdrix est coloré en jaune-roux ; il a une odeur plus marquée que celle des extraits dont je viens de parler. Si l'odeur propre à la perdrix cuite se développe lorsqu'il est chauffé après avoir été délayé dans l'eau, cependant je n'oserais affirmer qu'il n'y eût pas du même principe déjà développé dans l'extrait qui n'a pas éprouvé l'action de la chaleur ; car, si je ne me trompe, il y a de ce principe libre dans la peau de la perdrix, du moins dans celle qui a été exposée quelque temps à l'air. Si je parle de cette circonstance, c'est que le contact de l'air me semble avoir beaucoup d'influence sur les développements de plusieurs principes odorants organiques : par exemple, dans une analyse du musc, faite il y a vingt-huit ans environ, j'avais des produits qui, au moment où ils sortirent des opérations auxquelles je les avais soumis pour en séparer l'arome, étaient absolument inodores; les ayant conservés avec de l'air dans des flacons fermés, ils exhalèrent, au bout de quelques mois, une odeur de musc si forte qu'elle dure encore.

Au reste, les viandes dont j'ai parlé dans cette note seront l'objet d'un travail particulier que j'ai été obligé d'ajourner à l'époque où je pourrai me procurer des perdrix. Quoi qu'il en soit, il est visible, en définitive, que les extraits aqueux des viandes que j'ai examinées renferment, dans un état plus ou moins latent, un principe aromatique qui distingue chacune de ces viandes et qui se développe surtout par la cuisson.

NOTE V.

Sur les phénomènes que présentent quelques légumes lorsqu'on les cuit dans l'eau distillée et dans l'eau de chlorure de sodium.

Par M. CHEVREUL.

§ I. *Phénomènes de la cuisson du navet, de la carotte et de l'oignon brûlé dans l'eau distillée.*

J'examinerai successivement 1° les produits volatils qui se manifestent pendant la cuisson; 2° les légumes cuits; 3° l'eau dans laquelle ils ont éprouvé l'action de la chaleur.

a.) *Produits volatils.*

Le chou violet (et probablement que toutes les autres variétés de ce légume sont dans le même cas), cuit dans l'eau distillée, laisse dégager un principe odorant, propre à plusieurs crucifères, qui est accompagné de soufre; ce dernier corps noircit fortement le papier imprégné d'acétate de plomb. J'ignore s'il est à l'état d'acide hydrosulfurique ou combiné avec le principe odorant. Il y a encore dégagement d'ammoniaque; mais cet alcali peut provenir de l'eau elle-même, d'après ce qui a été dit dans le rapport, page 664, en traitant des substances volatiles qui se dégagent pendant la cuisson de la viande.

Le navet et même le panais se conduisent d'une manière analogue; mais le produit est moins sulfuré, surtout lorsqu'on opère avec le panais.

L'oignon *brûlé* que l'on fait bouillir dans l'eau laisse dégager une huile volatile qui paraît encore plus sulfurée que ne l'est celle du chou, et il y a également développement d'ammoniaque.

Pendant la cuisson de la carotte, il se développe un principe odorant très-fort qui n'agit point sur le papier de plomb : il est accompagné d'ammoniaque.

Je ferai remarquer que les légumes qui répandent, par la cuisson, une odeur désagréable sont précisément ceux qui laissent dégager du soufre.

b.) *Légumes cuits.*

Pour examiner à la fois les légumes cuits dans l'eau et ce qu'ils peuvent céder au pot-au-feu, je procédai de la manière suivante :

Dans 2 litres et demi d'eau distillée bouillante, j'ai plongé :

$$
\begin{array}{lr}
\text{Navets} & 31^{gr.},15. \\
\text{Carottes} & 65 \quad ,38. \\
\text{Oignon brûlé} & 9 \quad ,60.
\end{array}
$$

Après cinq heures et demie d'ébullition douce, il y avait eu un demi-litre d'eau évaporé, et les légumes pesaient, après avoir été égouttés :

Navets	$30^{gr.},43$	perte	$0^{gr.},72.$
Carottes	$73 \quad ,75$	augmentation	$8 \quad ,37.$
Oignon brûlé	$19 \quad ,00$	*id.*	$9 \quad ,40.$

Les navets s'étaient teints légèrement en jaune-roux aux dépens des principes colorants de la carotte et de l'oignon brûlé ; ils avaient le goût qui leur est propre et celui de l'oignon.

Les carottes étaient d'un beau rouge ; elles avaient l'odeur, la saveur douceâtre qui leur sont propres, sans odeur d'oignon.

L'oignon brûlé avait perdu presque toute son odeur et sa saveur. La grande augmentation de son poids tenait à sa dessiccation préalable, qu'il avait subie au four.

Les légumes cuits se réduisent, par la dessiccation, en feuillets plus ou moins minces qui reprennent leur apparence de légumes sortant du pot-au-feu lorsqu'on les tient plongés dans l'eau.

c.) *Eau dans laquelle les légumes avaient été cuits.*

Elle était colorée en brun-rougeâtre.

Elle retenait une quantité sensible des principes odorants de la carotte, du navet et de l'oignon.

Elle s'est réduite, par l'évaporation, à $12^{gr.},84$ d'un extrait qui avait été séché à 100°, et qui était composé principalement :

Principes odorants. . . . . { de l'oignon. / du navet. / de la carotte. }

Principes colorants. . . . . { jaune. / rouge. / brun. }

Acides organiques libres.
Sucre liquide.
Matière non azotée insoluble dans l'alcool et soluble dans l'eau.
Deux matières azotées (petite quantité).

Sels.. . . , . . . { sulfate de chaux (quantité notable). / phosphate de chaux. . . . . } traces. / id.   magnésie. . . . . } / sels de fer. / sels de potasse. }

§ II. *Phénomènes de la cuisson du navet, de la carotte et de l'oignon brûlé dans l'eau de chlorure de sodium.*

a.) *Produits volatils.*

J'ai constaté que la cuisson des légumes dans de l'eau distillée tenant un cent-vingt-cinquième de son poids de sel marin développe les mêmes produits volatils que la cuisson dans l'eau distillée; *peut-être* l'odeur des carottes est-elle plus suave et celle des crucifères plus prononcée lorsque la cuisson s'opère dans l'eau salée.

b.) *Légumes cuits.*

Dans l'intention d'apprécier l'influence sur la cuisson des légumes d'une proportion de chlorure de sodium que j'ai constatée être des plus convenables à la confection du bouillon, j'ai fait, comparativement avec l'expérience précédente, celle que je vais décrire.

Dans 2 litres et demi d'eau de Seine contenant 20 grammes de chlorure de sodium et portés à l'ébullition, j'ai plongé :

$$
\begin{aligned}
&\text{Navets. . . . .} && 31^{\text{gr}}\text{,}15. \\
&\text{Carottes. . . . . . .} && 65 \quad \text{,}38. \\
&\text{Oignon brûlé . . . .} && 9 \quad \text{,}60.
\end{aligned}
$$

Après 5 heures et demie d'ébullition douce, il y avait eu un demi-litre d'eau évaporé, et les légumes pesaient, après avoir été égouttés :

Navets. . . . 30^{gr},70   perte. . . . .   0^{gr},45.
Carottes. . . 70 ,65   augmentation. 4 ,27.
Oignon . . . 22 ,60   *idem*. . . . . 13 ,60.

Les navets s'étaient teints en roux, mais à l'extérieur seulement.
Les carottes étaient d'un rouge-brun.

Ces légumes avaient l'odeur qui leur est propre et à un degré un peu plus marqué que ceux qui avaient été cuits dans l'eau distillée. Mais la différence vraiment remarquable qui les distinguait, c'étaient la tendreté et la saveur, bien plus prononcées dans les premiers que dans les seconds; et en même temps que le goût trouvait les navets et les carottes plus sucrés, malgré la saveur salée, l'odeur propre à chacun des légumes était aussi plus intense. La différence était si grande entre l'oignon cuit dans l'eau distillée et l'oignon cuit dans l'eau salée, que le premier était, pour ainsi dire, inodore et insipide, tandis que l'autre avait, outre la saveur salée, une saveur sucrée très-prononcée avec l'arome de l'oignon.

c.) *Eau salée dans laquelle les légumes avaient été cuits.*

Elle était d'un brun-rougeâtre, et, si elle exhalait une odeur plus prononcée que celle de l'eau distillée dans laquelle les mêmes légumes avaient cuit, je n'oserais dire que, en faisant abstraction de la saveur du sel, la saveur propre aux légumes fût plus agréable dans l'eau salée que dans l'eau distillée; mais si on se rappelle que ce liquide avait enlevé aux légumes 12^{gr},84 d'extrait soluble, et si l'on considère maintenant que l'eau salée n'en avait enlevé que 9 grammes, il faut bien reconnaître au sel contenu dans l'eau une influence marquée sur la sapidité de l'extrait qu'il accompagnait, puisque la proportion de celui-ci à l'extrait de l'eau distillée était : : 1 : 1,4. Rien n'est plus propre que ces observations pour expliquer l'usage du sel dans la préparation des aliments.

Enfin j'ai constaté 1° que les légumes cuits dans 250 parties d'eau tenant 83 p. de sel étaient aussi tendres que les précédents, résultat bien différent de celui que présente la viande, ainsi que je le dirai plus bas;

2° Que les légumes n'ont point tous la même aptitude à absorber l'eau salée dans la cuisson : par exemple, le navet, le panais, le chou, cuits dans l'eau saturée de sel, acquièrent une saveur salée désagréable, tandis que cet effet n'a pas lieu pour la carotte.

Conséquences.

L'eau de Seine tenant un cent-vingt-cinquième de son poids de chlorure de sodium est bien plus propre à la cuisson des légumes que l'eau distillée.

1° Elle leur enlève moins de parties solubles que ne le fait la seconde, et cela est parfaitement d'accord avec ce qu'on sait de l'affaiblissement que l'eau éprouve, en général, dans sa force dissolvante par l'addition d'un sel neutre;

2° Elle leur donne plus de tendreté;

3° Elle leur donne plus d'odeur;

4° Elle leur donne plus de saveur.

NOTE VI.

Influence de diverses eaux sur la cuisson de la viande de bœuf.

La grande influence de l'eau salée sur la cuisson des légumes une fois constatée par les expériences consignées dans la note précédente, j'ai dû rechercher ce qu'elle est sur la cuisson de la viande de bœuf; et, pour rendre cette nouvelle recherche plus instructive, j'ai déterminé l'influence de l'eau des puits de Paris, qui est une solution de sulfate et de carbonate de chaux, et celle de l'eau distillée saturée de sulfate de chaux pur, sur la cuisson de la viande. Voici les conséquences auxquelles j'ai été conduit :

1° L'eau tenant un cent-vingt-cinquième de son poids de chlorure de sodium en solution n'a point, pour attendrir la viande, la même influence que pour attendrir les légumes. Si la viande qu'on y a cuite n'est pas sensiblement plus tendre que la viande cuite dans l'eau distillée, elle m'a paru plus sapide que cette dernière.

D'un autre côté, la décoction salée avait une odeur et une saveur un peu plus agréables que la décoction faite avec l'eau distillée.

2° L'eau saturée de chlorure de sodium, qui est susceptible de ramollir les légumes qu'on y cuit, durcit la viande à un degré remarquable, et cette viande se distingue de celle qui a été cuite dans l'eau distillée et dans l'eau à un cent-vingt-cinquième de sel par *un goût prononcé de jambon*. En outre, la décoction de viande dans l'eau saturée n'exhale point une odeur de bouillon aussi forte que la décoction faite avec l'eau à un cent-vingt-cinquième de sel.

3° La viande cuite dans l'eau des puits de Paris m'a paru plus dure que la viande cuite dans l'eau distillée à un cent-vingt-cinquième de sel; d'un autre côté, elle était sensiblement *moins sapide*.

La décoction de viande dans l'eau de puits était moins sapide et moins odorante que la décoction dans l'eau distillée.

4° Enfin l'eau saturée de sulfate de chaux pur à la température de 20° est la moins propre des eaux que nous venons d'examiner pour la cuisson de la viande; non-seulement celle-ci diffère de la viande cuite dans l'eau distillée ou dans l'eau à un cent-vingt-cinquième de sel par moins d'odeur, de sapidité et de tendreté, mais la décoction dans l'eau de sulfate de chaux est moins odorante et plus fade que les décoctions faites avec l'eau distillée et l'eau à un cent-vingt-cinquième de sel. L'influence du sulfate de chaux est donc vraiment remarquable.